まえがき

まずは巻頭のご挨拶をさせていただきます。

さて、書名に掲げました「四日市」とか「芦浜」がどこにあるか、ご存じでしょうか。三重県北部にある工業地帯「四日市」から南部の熊野灘に面する海岸「芦浜」まで、直線で約１００㎞。県外でも知名度が高い伊勢神宮を挟んだこの二つの地域は、「お伊勢さん」とは別の意味で歴史に名を刻むことになりました。その来歴を振り返ることで、「公害と原発」の問題を考えようというのがこの冊子の目的です。地方（ローカル）の出来事と捉えられがちな問題が、実は地球全体（グローバル）の未来にかかわるのだという、壮大な思いも抱いての出版です。

また、本文は２０２２年から23年にかけて執筆しており、今回の冊子化には既に2年が経
います。この間、国内外を問わず政治・経済の状況は大きく変化し、今なお流動化の気配はありません。とりわけ中東を中心にした「戦争」が世界全体に広がる恐怖さえ
せます。しかし、あえて本文では時系列の書き直しはしていません。むしろ、こうし
の流れと現在の到達点をリアルに感じ取っていただくのも重要かと考えて原文のまま
います。ご了承ください。

、この冊子化に至るまでの経緯を整理しました。

四日市公害訴訟判決50年にあたる２０２２（令和４）年、拙著『青空のむこうがわ』を刊行。縁あって「原発おことわり三重の会」機関誌「はまなつめ」でご紹介いただき、さらに編集部からのお勧めもあって、同誌に「『公害と原発』に関する覚え書き」を連載させていただきました。隔月刊で６回（２０２２年12月～２０２３年10月＝№77～82）、１年間続けることができました。

連載終了から既に1年以上が過ぎましたが、日本だけでなく世界全体の情勢が大きく変化を遂げています。それは決して明るいものではなく、戦争の拡大でありそれに伴う環境破壊、人命の軽視という結果を生み出しています。いま、人類はどこに向かおうとしているのか、大きな分岐点に立たされているといっても過言ではないでしょう。

本年２０２５年は「戦後80年」となるのですが、この長い時間を私たちは何のために費やしてきたのか反省点が多々あります。確かに医学や技術の発達によって平均寿命は長くなり、生活の利便性は格段の進歩を遂げてきました。とりわけ情報技術（ＩＴ）は生活形態に大きな変化をもたらしています。それは戦後80年の中の後半40年以降、急ぎ足でやってきたわけです。

しかし、こうした流れはすべてを「是」とするわけにはいきません。医療の進歩は長寿社会を作り出しましたが、「高齢社会」への対応は決して十分とは言えず、逆に「少子化」が広がり未来の社会形成に不安な様相を作り出しています。ＩＴの普及も便利さと裏腹にＳＮＳによるハラスメントの横行や犯罪の拡大にさえ結びついているのが現実です。

さらに、地球全体をとりまく環境はどうなっているのでしょうか。国連は１９９２年に「気候変動枠組条約」を採択し、地球温暖化対策の取り組みを行うことを合意しました。２０１５年９月には「ＳＤＧｓ」が国連で採択され「持続可能な」とうたったのは、地球がこのままでは「持続不可能」になるという危機意識があったからです。それから10年が経とうとしていますが、果たして状況は好転しているのでしょうか。２０１５年のパリ協定で目標としたのは「平均気温の上昇を防ぐ」ことだったのですが、２０３０年に達成される見通しはどこにもありません。

翻ってわが地元三重県に目を移してみましょう。公害訴訟の一つとして名を残す「四日市」、そして原発を止めた「芦浜」。二つは貴重な財産です。連載終了以降1年以上が過ぎてしまいましたが、政治や経済の世界に漂う「原発回帰」の機運に対峙するために、たたかいの歴史を生かしていきたいと考えます。唯一の戦争被爆国、さらに世界最大とも言える福島原発崩壊事故を経験した日本が、このままでいいはずはありません。6回分を見なおし題名も変え整理しました。一緒に考え行動への材料にしていただければと思います。

さらに東日本大震災直後に詠んだ短歌百首から抜粋して三十首を再録しました。作品としては自慢できるものでもありませんが、思いを共有していただければ幸いです。

２０２５年春

はまなつめの花によせて

柴原洋一（原発おことわり三重の会、「はなまつめ」編集部）

ハマナツメは、熊野灘に面した南伊勢町と大紀（たいき）町にまたがる「芦浜（あしはま）」に育つ木。夏に黄色い小さな花をつける。 芦浜は1963年に原発計画地となり、37年間にわたる住民の抵抗の末、2000年2月に計画撤回を実現した歴史をもつ。ぼくら「原発おことわり三重の会（以下、おことわりの会）」のニューズレター「はまなつめ」は、この木から名を借りている。住民の苦闘と勝利から学び、語り継ぐ意思をもって。

本書の本文は「はまなつめ」に連載されていた。

著者の伊藤三男さんとは、芦浜原発に反対した「『原発いらない』三重県民の会（1983年設立）」以来のご縁。設立集会の準備会で「受付は印象がいいから女性にしましょう」との提案に「女性をそのように使うのはよくないですね」と柔らかく言ったのが初対面の著者だった。提案は取り下げられた。40年以上前の時代。「ただ原発に反対するだけの集まりではないらしい」とぼくは頼もしく面白く感じていた。

三男さんは長年「四日市公害と戦う市民兵の会」で活動し、現在は「四日市再生『公害市民塾』」を運営、四日市公害の歴史と教訓を継承する活動を続けておられる。むろん「おことわりの会」創立以来のメンバーだ。

本書で「本誌」として言及される「はまなつめ」だが、当会にご縁のない読者であれば、イメージは浮かばないであろう。以下、会と同誌について若干の解説をしたい。

おことわりの会は、原発即時全廃をめざす無党派の市民団体。規約や役員など組織っぽいものはなく、個人の緩やかなネットワークで、代表も事務局も置いていない。

会発足の契機は、中国電力上関（かみのせき）原発計画地（山口県）で埋め立てが始まろうとした2010年春、抵抗する祝島（いわいしま）島民の応援集会を津で開いたこと。それを恒常的な会にして原発をなくす行動を続けようと、おことわりの会を設立した。

①祝島を応援②原発を止めた三重の歴史に学び語り継ぐ③チェルノブイリ原発事故を見つめ続ける、が基本方針。設立の翌年に福島原発事故が発生、③にフクシマが加わった。被害事実の把握とその普及が作業課題となった。

方針①では、これまでに2回、カンパを携えて祝島を訪れた。②については、シンポジウムを、2014年「芦浜闘争50年」、16年「海山（みやま）原発住民投票15年」、17年「熊野原発計画阻止30年」と、勝利の地の当事者を招いて開催した。また、フランス・ブルターニュの原発を止めた村・プロゴフに芦浜で戦った小倉紀子さんと当会員を派遣して地元や英・独の市民と交流した渡仏行動の報告集会（24年）も実施した。他に大飯原発差止判決を下した樋口英明元裁判長らが登壇した「講演と対談　樋口判決に向き合う」（19年）や芦浜原発白紙撤回20

年記念シンポ（20年）など。行政交渉、集会・講演会の主催、「さようなら原発三重パレード」など他団体との共催も。

「はまなつめ」は集会や行動を記録する。シンポなど発言や報告を掲載し資料的価値は高いと自負する。

Ａ４版、12頁、偶数月初旬発行。記録のみならず、原発情報、状況分析、科学解説、原発報道一覧など多彩。広く市民への情報媒体として「ニューズレター」と称す。

読者には、時代が急速に動く今こそ、本書をとおして「公害と原発」に立ち向った先達の歴史に学び、明日に向かう力としてほしい。


【原発おことわり三重の会】
★年会費３０００円。どなたでも入会可。会員には「はまなつめ」を送付。月例会「井戸端会議」は、第２日曜の13時半から２時間、津駅隣のアストビル３階、県民交流センターで。会員以外も参加ＯＫ。
連絡先：郵便／５１４-０００３津市桜橋１-１１５-３ 小室豊方／Email：okotowari0311@gmail.com／電話：０９０-５００８-４５３２ 柴原／郵便振替口座：00850-4-174519 加入者名：原発おことわり三重の会（井戸端会議日程等、変更の場合もあるので、事前に確認されたい）

目次

その一　戦後県政のスタート

はじめに

四日市公害訴訟判決50年を期して、本年7月『青空のむこうがわ』を上梓。その「あとがき」の中で「公害と原発は不可分のテーマ」とし、論究の深められなかった分は「宿題としたい」と書いた（300頁）。いささか言い逃れの感があったが、この記述が「はまなつめ」編集局の目に留まり、「宿題を果たしませんか」と声をかけていただいた。「宿題を果たしなさい」というニュアンスでもあった。

一冊を仕上げて安堵はしていたが、やはり重要なテーマであれば自分なりに責任は全うすべきだろう。そんな思いで誌面をお借りすることになった。とりあえず1年間（6回分）続けていきたいと思うが、途中でご意見や資料やらいただけたら幸いである。お付き合いの程、よろしくお願いしたい。また、当誌№76では三人の方から拙著に対する心温まる感想文をいただいた。お礼申し上げたい。

なお、文中〈300頁〉などとあるのは、『青空のむこうがわ』の該当箇所である。参照しながら読み比べていただけるとありがたい。その他参考書籍を事前に紹介しておきたい。

・『三重県史』、『四日市市史』、『菜の花の海辺から―上巻・評伝田中覚』（平野孝　1997　法律文化社）、『熊野漁民原発海戦記』（中林勝男　1982　技術と人間）、『芦浜原発はいま』（北村博司　1986　現代書館）、『海よ！芦浜原発30年』（朝日新聞津支局　1994　風媒社）、『原発を止めた町』（北村博司　2001　現代書館）、『原発の断りかた―ぼくの芦浜闘争記』（柴原洋一　2020　月兎舎）、『四日市公害―その教訓と21世紀への課題』（吉田克己　2002　柏書房）。

まずは三重県のことから

「公害と原発」！　この大きすぎるテーマにはいくつかの切り口がある。科学的な分析が必要だろうし、社会的経済的側面からのアプローチも欠かせない。大変な作業になりそうだが、まずは身近なところから迫ってみたい。両者が不可分だということを考えるに格好の素材が我が三重県に存在する。「四日市公害」と「芦浜原発」である。この2件は裁判と知事決断との違いはあれ、住民が大企業相手に戦い勝利した点で共通する。そして、双方には三重県知事の存在が深く関わっている。その歴史を振り返ることで本旨のプロローグとしていきたい。

日本における知事は戦前「官選」であり、国が任命して各都道府県に着任をさせていた。三重県では1876（明治9）年から1947（昭和22）年まで、47人の知事が県政を治めているが、とりあえず話は戦後（1945年以降）に絞って進めていく。参考のため歴代知事と在任期間を並べてみる。

初代・青木　理（まさる）＝（2期）1947（昭和22）年4月〜1955（昭和30）年3月
2代・田中　覚（さとる）＝（5期）1955（昭和30）年4月〜1972（昭和47）年11月
3代・田川亮三＝（6期）1972（昭和47）年11月〜1995（平成7）年4月
4代・北川正恭（まさやす）＝（2期）1995（平成7）年4月〜2003（平成15）年4月
5代・野呂昭彦＝（2期）2003（平成15）年4月〜2011（平成23）年4月
6代・鈴木英敬（えいけい）＝（3期）2011（平成23）年4月〜2021（令和3）年9月
7代・一見（いちみ）勝之＝（現職）2021（令和3）年9月〜

さて、読者の皆さんは各知事選挙、投票に行かれただろうか。印象に残る選挙戦はあるだろうか。ちなみに筆者は1945（昭和20）年生まれであり、高校教員（三重県教職員組合組合員）という職業柄、3代目を巡る1972年の知事選が因縁深い。田中から田川へと一字違いの新知事誕生だったが、1972年、四日市公害訴訟判決直後の交代劇は大激戦だった（47頁参照）。ことの詳細はここでは省くとして本稿の趣旨に重要な関係を持つ田中覚知事について述べておきたい。

初代知事・青木理は2期を務めた。戦後の混乱期を何とか治めたが後半になって赤字財政などで批判の対象になり、対抗馬として田中が担ぎ出された。彼は旧楠町生まれ、県立二中

（後の富田中学―四日市高）から東京帝大に進み一時三重県庁に勤めた後、農林省の役人として励んでいた。そこへ県内の反青木勢力である実業家や県庁職員組合から出馬要請が活発になり受諾。1955年の知事選は青木対田中の一騎打ちとなった。結果は田中43万票、青木26万5千票、圧勝しかも45歳で当時全国最年少知事が誕生。政党としては社会党の支援を受け、いわば革新知事の誕生だったが、議会では自民党など保守系が与党となり在任中は次第に革新の影が薄れていくことになる。

工業化を進めた県知事

田中県政の1955年から1972年はまさに日本の戦後経済成長期にあたる。「高度」と冠が付くほどに戦争で瓦解した国土再建のため、人々が必死になって働き消費した時代だ。四日市では戦争中、塩浜地区に建設された海軍燃料廠（しょう）が米軍の空爆で崩壊。その跡地が昭和石油を中心にした三菱グループへと払い下げ決定したのが1950年のことである。夏の甲子園で四日市高校が初出場・初優勝の快挙を遂げた年でもあり、市内は二つの出来事に湧き上がった。戦後復興の象徴とも見えた。

　田中は5回の知事選で勝利を収めているが5期目は任期途中で衆議院議員に転身している。従って実質は18年間が田中県政の

日本合成ゴム誘致記念碑「三重縣知事　田中覺」と書かれている（1964）。川尻町公民館前。澤井余志郎撮影

時代となる。この間に三重県で何があったのか。全国的に戦後復興が第一目標であり三重県もまた例外ではなかった。青木前知事の残した赤字財政の立て直しもさることながら、さらに勢いづいて三重県の産業発展が田中の基本政策となる。着任早々に四日市市に日本合成ゴム（現ＪＳＲ）の誘致に成功し、１９５６（昭和31）年議会では三重県工場誘致条例を制定してその政策に拍車をかける。南部には宮川ダムを建設し（１９５８）、発電所が完成、紀勢線延長も確定していくが主力はあくまでも北勢地域だった。三重県は四日市市・桑名市及び川越村（現三重郡川越町）と一体化して伊勢湾北部沿岸部への企業誘致を進める。ただし、全てがスムーズに進んだわけではない。

この地の開発は中部圏全体の構想であり、１９５７（昭和32）年5月には中部経済連合会が伊勢湾臨海工業地帯構想を打ち出している。翌年に東海製鉄が会社として発足し、その立地場所として愛知・三重県双方が名乗りを上げる。四日市市は現在の第３コンビナート地域（霞（かすみ））を候補地として誘致合戦を繰り広げるが、結果的には愛知県側（横須賀上野地先・現東海市）に決定する。東海製鉄は企業合併などがからみ、新日鉄―新日鉄住金を経て現在は日本製鉄として操業を続けている。四日市市は東海製鉄誘致が叶わず次に八幡製鉄にも誘いをかけたが千葉県に敗れた。いずれも埋め立て地として地盤の弱さが敗因と伝えられている。その結果、四日市市は霞埋立地へは石油化学産業を主力として第３コンビナート建設へと進むこととなる。

四日市におけるコンビナートの登場

午起（うまおこし）の第2コンビナートは大協石油が主体となっているが、その発祥は戦前に遡る。新潟県の中小8社によって創業された同社は戦争の拡大とともに太平洋岸に進出を試み、四日市市の三滝川右岸河口部に四日市製油所を建設したのは1941（昭和16）年のことである。当初から左岸部の午起海岸への拡張は計画されていたが、敗戦とともに中断。戦後、田中県政と九鬼市政が協力して海水浴場で賑わった午起海岸を埋め立て、大協グループと中部電力を一体化した第2コンビナートを稼働させたのが1963（昭和38）年のこと。当時は、埋め立ても含めて工場建設に対して反対がないわけではなかったが、第1コンビナート周辺の塩浜地域では既に公害問題が出始めている。

午起の第2コンビナート（1971年、撮影者不明）。

四日市市の工業化は戦前から進められており内陸部の繊維産業（東洋紡績・東亜紡織等）とともに、海岸部を埋め立て日本板硝子、石原産業などが操業。海水汚濁の問題はこの時期すでに始まっており、漁業者と会社のもめ事もいくつか発生している。

そんな時代の中で第2コンビナートについては、操業開始前の試運転の段階で周辺住民への悪影響が出ている。轟音や煙突からばい煙（スス）が飛散して洗濯物を汚すなど、被害をもたらしている。主婦を中心にした住民からの非難・抗議が相次ぎ、会社側は洗剤を配って謝罪に回っている。これが1963（昭和

38）年のことである。

　ここで賢明な読者の皆さんは、既にお気づきのことと思う。この年にどのような出来事があったのか。三重県北部と南部で「四日市公害と芦浜原発」をめぐる劇的な展開が繰り広げられる。

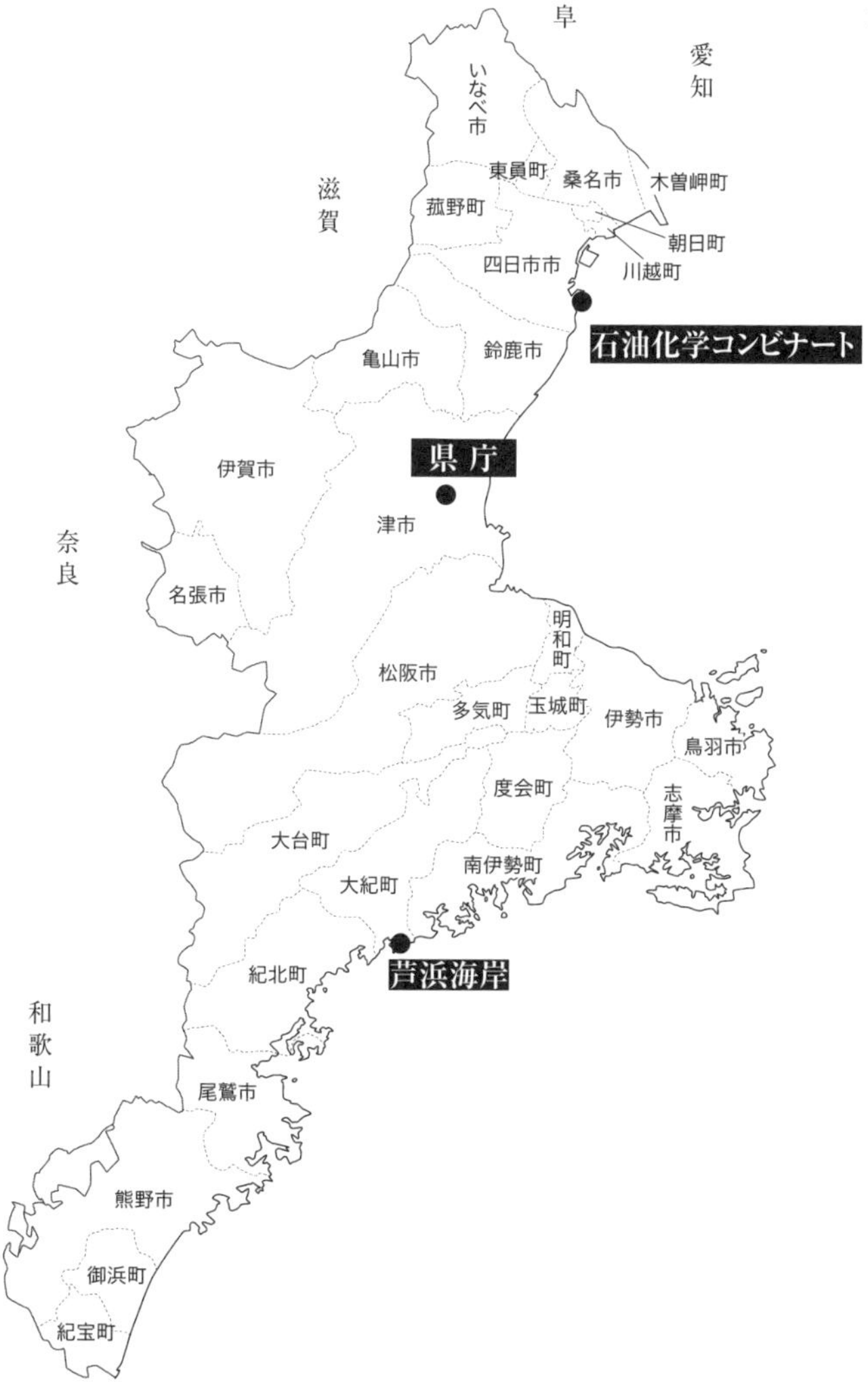

三重県図

その二　原発の登場

はじめに

１９６３（昭和38）年はどんな年であったのか。核心に触れる前に外堀から埋めていきたい。

この年、世界情勢でもっとも大きな出来事は11月22日、米国テキサス州ダラス市で現職大統領Ｊ・Ｆ・ケネディが銃撃され死亡するという事件だ。しかもこのニュースは当時、最初の日米間通信衛星によってリアルタイムで日本に流されたというのも驚きを倍増させた。

国内では黒部ダム（関西電力）の完成（５月）や名神高速道路の開通（７月）などの華々しい成果の陰で、悲惨な事件が続いた。３月に吉展ちゃん誘拐殺人事件があり、５月１日には埼玉県狭山市で女子高校生誘拐事件が発生。警察が犯人を目前で取り逃がすという失態の後、３日後に死体で発見され20日も過ぎてから被差別部落の青年が逮捕される。この事件は翌年３月死刑判決が下されるが青年は「否認」に転じ、冤罪事件として現在まで再審請求の取り組みが続けられている。映画『ＳＡＹＡＭＡ』（２０１３年）では、青年から高齢者となった石川一雄氏の闘い続ける姿が、支援者への力強いメッセージとなって映されている。

ちなみに当時の内閣総理大臣は池田勇人。岸内閣を継いで1960（昭和35）年から1964（昭和39）年まで務め、「所得倍増計画」を打ち上げた。自民党内派閥「宏池会（こうちかい）」の創始者でもあった。

個人的なことを振り返れば、私は4月に高校3年生となり鈴鹿の自宅から津市内の高校に通う。受験を控えながらろくに勉強もせず、部活に汗を流していた日々で社会問題に特に関心が高かったわけでもない。巷では詰め襟姿の新人歌手舟木一夫が歌う『高校三年生』が流れ、日本は経済成長に突き進む戦後18年目。つまり60年前のこの年を、「はまなつめ」読者の皆さんはどのように過ごしていただろうか。あるいはそれは誕生以前の遠い大昔の時代だろうか。しかし、とりあえずこうした大前提を念頭に置きながら本題に迫っていきたい。

「平和利用」としての原発

そもそも「原発」はどのような経過を踏まえて私たちの前に登場したのだろうか。一般には1953（昭和28）年12月8日、国連総会における米国大統領アイゼンハワーの演説「Atoms for peace」（アトムズ・フォー・ピース）が発端とされている。日本では「原子力の平和利用」と訳され歴史に残る。米国には第2次世界大戦中「マンハッタン計画」によって原爆を製造し、広島・長崎に投下するという「原子力の軍事利用」の過去があるが、戦後も核の研究と開発は着々と進められているのであり、既に1951年12月には世界初の原子力発電の実験に成功している。高速増殖炉EBR-1と名付けられ約1キロワットを発電した。この時期から旧ソ連・英国・フランスでも原発計画は進み始めている。本格的な発電所としては旧ソ連の1954（昭和29）年6月のオブニンスク発電所が最初である。

こうした米国をはじめ諸外国の本音が決して「平和」に重点が置かれていたわけではない。多くの方が論証するところだが、簡潔に読み解ける書籍を紹介しておきたい。山本義隆著『福島の原発事故をめぐって　いくつか学び考えたこと』（2011　みすず書房）である。東日本大震災直後に出版されたこの本は、100頁ほどで字数からいえば新書判よりも少ないが実にわかりやすい。先行する旧ソ連と米英の核開発を競合させようとした当時の状況を説明している。以下少し引用する（同書6頁）。

米国は米英ソによる核独占を維持しつつ、その後の核開発競争に対処するためには、むしろある程度の技術は公開し、原子力発電を民生用に開放することで、専門的な核技術の維持とその不断の更新、そして核技術者の養成を民間のメーカーと電力会社に担わせるのが得策という判断に切り替えた。それとともに、原子力発電プラントとその燃料用濃縮ウランを外国にも売りつけることで、新しく形成された米国核産業にとってグローバルな市場を開拓するという米国政府と米国金融資本の狙いもあった。

こうした山本の指摘は、21世紀の現在、ロシアのウクライナ侵攻と付随したエネルギーの供給不足を理由に、軍備増強と原発促進を企てる岸田政権の姿勢と符合する。政治と資本の狙いは一貫して変わっていない。いわば「平和」よりも「軍事」と「経済」の方策として、開発が進められたということである。「平和」という衣の下に隠された「鎧」に原発の本質があることは、時間とともに明らかになる。

科学者と原発

では当時、日本はどのように原子力政策を進めてきたのか、おさらいをしてみよう。

1945（昭和20）年、世界最初の被爆国となった日本にとって、「原子力＝核」は危険・恐怖の対象であったはずだが、こうした国際的な「平和利用」の趨勢の中で世論の受け取り方も変化をしていく。

1951年には手塚治虫の漫画『鉄腕アトム』が登場し、お茶の水博士・コバルト君・ウランちゃんなど親しみやすいキャラクターとともに、原子力は明るい未来を展望するものとして定着していくことになる。私も漫画雑誌で『赤胴鈴之助』などとともに読みふけったものである。

戦後しばらくはGHQ（占領軍）統治下にあって原子力の研究は禁じられていたが、1952（昭和27）年講和条約発効とともに解禁となり、科学者たちは研究の速度を速める。こうした戦後の流れについて前述した山本は『近代日本の百五十年』（2017年　岩波新書）の中で、科学者たちの原子力開発に向かう「意欲」を批判的に述べている。1953

漫画『鉄腕アトム』（手塚治虫）。1951（昭和26）年3月に連載された『アトム大使』が原作。登場人物の一人ロボットのアトムを主人公にして、1952（昭和27）年4月から雑誌「少年」で連載開始。1968（昭和43）年まで続いた。同時に1963（昭和38）年から1966（昭和41）年にかけてTVアニメとしてフジテレビ系で放映された。アトムは10万馬力との設定である。主題歌の作詞は谷川俊太郎。

（昭和28）年、日本学術会議が原子力問題を検討する委員会を設置し、翌年初の原子力関連予算（2億3500万円）が計上される。「ウラン235」にちなんだものだった。ただし、学術会議はあくまでも「平和利用」に限定し、「公開・自主・民主」を厳守すべしと釘を刺す一方、読売新聞が独自に大キャンペーンを展開し、博覧会を全国で開催し延べ260万人が入場したとの記録が残る。

1955（昭和30）年には原子力3法（原子力基本法・原子力委員会設置法・原子力局設置のための総理府設置法改正）が国会で成立。時の自民党・社会党からの共同議員提案であった。翌年にはそれぞれの委員会と原子力局が設置され、日本の原子力政策がスタートする。日本原子力委員会（JAEC）の初代委員長は正力松太郎（読売新聞社主）。彼は5年後には原子力発電を稼働させるという積極策を明示したが、委員の一人である湯川秀樹（京大教授）は「慎重であるべき」と訴え、抗議のため辞任している。経済界では日本原子力産業会議（原産）が発足。こうした流れの推進役を果たしたのが、後に科学技術庁長官を務めることになる中曽根康弘であったことは周知の通りである。

原発建設へ

１９５７（昭和32）年に入って国連に国際原子力機関（ＩＡＥＡ）が設置され原子力産業が世界全体に広がりをみせていく。日本でもそれに沿うようにして11月に日本原子力発電株式会社（原電）が発足し、海外からの動力炉導入に向けて体制を確立した。

同年、国の原子力予算が計上されてから、「原子炉」導入の取り組みが始まる。最初にあげられた候補地は京都府宇治市だったが、水源地の汚染の危険性などを理由に大阪府・市などから反対があり消える。その結果、大阪府茨木市案に変更されるや大阪府・市は賛成に回り積極的な誘致を表明。しかし、「茨木市阿武山原子炉設置反対期成同盟」（委員長・茨木市長）が発足、農協・医師会、文化団体などが運動を展開し白紙撤回となっている。理論的中枢を支えたのが物理学者・武谷三男。『原子力発電』（１９７６　岩波新書）にその経緯が触れられている。沼津・三島（静岡県）のコンビナート建設ストップにもつながったという。反対運動の最初の成果として記憶に留めておきたい。

日本国内での原子力政策は政界・財界の思惑や駆け引きがあって、簡単には整理できない。それよりも本稿の趣旨を果たすべく、先に進まなければならないが、ここまでは原発が日本の大きな政策（国策）として始まったという歴史をたどってみた。１９６３（昭和38）年にいたるまでまだ6年あるが、日本最初の原発が営業運転を開始したのは１９６６（昭和41）年、茨城県東海村の日本原子力発電の東海原発であり、この年は福島県大熊町・双葉町議会が原発誘致を議決した年でもある。その他、日本列島のあちらこちらで電力会社の強引な地域工作もあって、一気に原発立地の勢いが強くなる。同時に各地で反対運動も盛り上がるも、２００４（平成16）年までに57基の原発が完成してしまった。その中で三重県の芦浜原発は、計画の表面化以来今年で60年となるが、20年前に建設計画を撤回させるという希有の歴史を誇る。

ともかくも、かかる情勢の中で芦浜に原発計画が襲いかかるのは、戦後日本のエネルギー政策の一環として避けられない到達点であった。それはこの年９月４日、中部電力横山通夫社長の記者会見で幕を開ける。残念ながら以下「次号に続く」となるが、事前に『三重県史』（２０１９　資料編６３０頁）をお読みいただくと、当時の新聞記事が転載されているので参考にされたい。

また新たに参考図書として次の著作を紹介したい。武谷三男『原子力発電』及び『思想を織る』（１９８５　朝日選書）、さらに研究会「戦後派第一世代の歴史研究者は21世紀に何をなすべきか」編集による『「３・11」と歴史学』（２０１３　有志舎）、特にその中に収められた『年表で読む「核と原発」』（富永智津子）。

その三　原発が三重県へ

はじめに

前回の末尾でお知らせした『三重県史』について、少し説明を加えておきたい。2019（平成31）年に完成した資料編19巻・通史編6巻・別巻4巻、全29巻からなる労作。いずれも5000～9000円と高価のため、三重県立をはじめ公立の図書館でご覧いただくのがおすすめである。

芦浜原発に関しては通史編・近現代2（下）に記述があり（103頁）、四日市公害問題が次に続いているが、特に参考になるのは資料編である。「現代1／政治・行政」には貴重な資料が網羅されていて興味深い。「原子力発電所建設問題」としてマスコミ報道・県議会の審議（議員の発言）・関係地区（長島・南島・紀勢）の動きなどが掲載されている。さらにその原資料となっているのは『三重県議会史』であり、当時の議員と知事発言が収録されていて大いに参考になる。

もっとも『三重県史』自体が参考文献としているのは、例えば四日市公害で言えば『四日市市史』であり、『原点・四日市公害10年の記録』（小野英二）である。芦浜原発についても第1回に挙げたドキュメントなどが一次資料として貴重なのはいうまでもない。いずれにしろ原発も公害も行政や議会の動きと密接につながっているのを知るために不可欠な資料である。ここからの記述は概ねこうした文献を参考にしていることはご了解いただきたい。

「芦浜原発」問題の登場

第2次大戦後、いわゆる「米ソ冷戦」状態が続く中、核開発競争は両国を中心にして展開されていく。人工衛星打ち上げという宇宙開発競争も同様で、軍事的側面を併せ持っていることを忘れないでおきたい。そうした世界情勢を背景にいよいよ１９６３（昭和38）年、芦浜原発への動きが表面化する。

9月5日、中日新聞（当時は中部日本新聞）が、1面トップに「中電が原子力発電建設へ」との見出しを掲げ、前日（4日）に行われた中部電力・横山通夫社長の記者会見のもようを伝えた。小見出しには「南勢地区が有力」「四五年目ざし地元に打診始める」となっている。『三重県史』では三重県への原発建設に関する「最初のニュース」との注釈がつけられている。

記事の全文は長いので要点のみ整理する。

横山社長は「建設地点は現在地元と話を進めていて、近く公表する」「熊野灘に面した三重県の南勢地方」「建設計画は2、3年前から表面化」「場所は①海水が豊富で取水が便利な

地点　②危険性を考え、人口の少ない地方　③大地震に耐えられる基礎地盤の強固なところ、などの諸条件に合う地点」と語っている。具体的な地名は挙げていないが既に地元に入り込み、打診＝交渉に入っていることが窺（うかが）われる。

横山社長の談話として「建設候補地をしぼって地元に打診するところまできたが、現地の意向や用地問題などがからんでいるので、いま場所についてははっきりいえない。しかし近いうちに公表できると思う」と付記されている。

また、同紙は「原子力発電は、建設費が高くつくのに比べ、燃料は安く、できるだけ大規模な発電所を建設、高率運転させた方が採算に合い、国や電力会社間では、こんご原子力発電に重点を置く方針」、さらに「新設火力三分の一を原子力にあて〝水主火従〟から〝火（重油）主水従〟に変わった発電を、将来は重油から原子力へ移行させる方針」との解説を付け加えている。当時のマスコミ報道の無防備さが読み取れる。末尾には田中覚三重県知事の話がある。「三重県は、中電の協力で電力の供給源となりつつあり、中京経済圏のエネルギーセンターとして脚光を浴びているおりから、私としては原子力発電所建設には異論はない。具体的な話はまだ進んでいないが、話がうまく進めば、中電と同時に県としての意見を表示したい。」として、積極的な姿勢を示している。

この新聞記事でわかるのは中部電力が原子力発電所建設計画を進めていて、その候補地として三重県南勢部に狙いを定め既に現地対策を進めているということ。そして、その計画を三重県知事が歓迎しているということである。当時、日本国内の原発は１９６０（昭和35）

年に東海原発で建設が始まっているが、商業用原発として運転開始するのはまだ先（66年9月）のことである。ちなみに東京大学工学部に原子力工学科が設置されたのが1960（昭和35）年だから、研究そのものもさほど進んでいたわけではない。武谷三男の表現を借りれば「日本の原子力平和利用の進行は無免許運転の暴走に似ている」（天沼香「日本の原子力研究開発初期における確執の諸相」東海女子大学紀要1992・2）という状況の中で、進み出したというのが実状だったと言えるだろう。

三重県での動向

中部電力の原子力発電所計画は1957（昭和32）年、社内の火力部に原子力課を設けることによって始まる。日立製作所・東芝・三菱重工業と共同研究を進め1966（昭和41）年6月原子力推進部として研究開発に拍車をかける。技術的な問題とともに大きな課題となるのが建設場所をめぐる「立地」である。中電の営業区域の沿岸部は静岡・愛知・三重であるが、入り組んだ湾があり居住人口が少なく、個人の所有地でないといった点が、三重県南勢地域に焦点を絞った要素とされている。

現在も中電の原発は静岡県御前崎市の浜岡が唯一、ここは三重県での計画が難航したため1967（昭和42）年になってあらたに立地場所を求めた結果であり、先行したのは三重県への立地計画だった。そして、先述の横山社長談話にある「近いうちに」が12月に入って現実のものとなる。1日付けの伊勢新聞が1面に「南勢に原子力発電所」「中電発表41年度から着工」との見出しをつけて報じた。

前日（11月30日）の中電発表を受けたものである。「かねてより物色中」の候補地を3カ所にしぼったとして次の3地点をあげている。

①度会郡南島町、紀勢町にまたがる芦浜海岸
②北牟婁郡長島町城ノ浜
③同郡海山町大白池
（現在は平成の市町村合併により①は度会郡南伊勢町と大紀町、②③は北牟婁郡紀北町へと変更している）

1963（昭和38年12月1日の伊勢新聞記事。この記事は芦浜原発反対斗争資料集「われら〈漁民〉かく斗えり」（海の博物館　石原義剛）に収録されている。また9月5日付けの中日新聞記事は四日市市立図書館で現物を確認したが、紙質劣化のため複写は許可されなかった。

中電は予定地として三重県に適地の推薦を依頼、県と共同調査の結果上記3地点を決定し、既に（11月）28日には関係町長を招いて協力を要請、来月早々に現地調査に入り最適の建設用地を決定するとの方向性を示している。記事の中では三重県が11月15日に中電より原発計画を示されてから、積極的に協力方針を決定。同月19、20日及び25、26日にわたって工業課長らが現地視察をして候補地を決めた。実際の現地調査を踏まえて地理環境を中心に10項目をあげ、既に関係市町長の了承を得ているとしている。

三重県岡本工業課長の談話。

「原子力発電といえば何か恐ろしいという印象が強いが、原子力を正しく理解して協力し

たい。中電側の説明では原子炉自体非常に安全度の高いものなので、県民の不安を解消させるため、今後強力にPR活動を進めたい。」

現地の反応

伊勢新聞の記事は現地のようすについて次のように伝えている。

「候補地の三地点はいずれも熊野灘沿岸に面したリアス式海岸美の景勝地で人家がほとんどなく、全くの未開発地帯。地元では水産、かんきつ、観光資源開発以外には発展がのぞめないところだけに発電所建設に大きな期待を寄せている。吉田紀勢町長ら地元の町側は全面的に協力を確約したほか、近く東海村の原子力発電所を視察するほどの熱の入れ方だ。」「県南部は一躍、近代科学の粋を集めたエネルギーセンターに生まれかわる」というのがこの記事の結びである。

地元住民の声も拾っているが全体的に関心が深まっておらず、事の成り行きを見守ろうとしている。一方、三重県議会では活発な議論が交わされることとなった。議会のようすは『県議会史』に詳しい。全てをここにあげるわけにもいかないが、原発立地に対するかなり厳しい意見が出された模様がわかる。翌年になると現地の事態は一変する。2月に南島町古和浦漁協が早々に反対決議。そして、3カ所の候補地から「芦浜に決定」との記事を朝日新聞が掲載したのが6月17日のこと。直後には長島町、紀勢町の議会が「原発誘致」を決定。その流れに抗って一気に反対運動が噴出し、漁民を中心にした戦いの火蓋が切って落とされる。

ここまでの原稿はあくまでも1963（昭和38）年に突如登場した「芦浜原発」の出発点として整理した。

「芦浜原発反対闘争」はこの年を起点として長い歴史を刻むことになる。その記録は年代順に『熊野漁民原発海戦記』（1982　中林勝男）、『芦浜原発はいま』（1986　北村博司）、『海よ！芦浜原発30年』（1994　朝日新聞）、『原発を止めた町』（北村博司　2001　現代書館）、『原発の断りかた』（2020　柴原洋一）として残されている。とりわけ『海戦記』は当時の「寝耳に水」として登場した原発問題の、現地のリアルな雰囲気を伝えている。

60年前を直接体験した人たちは上記の著者も含めて多くの方が故人となっている今、直接お話を伺うわけにはいかない。残された著作に頼る部分が多くなってしまったことは御容赦願いたい。

本稿においては1963（昭和38）年の芦浜をいったん終えて、同時期に県知事であった田中覚が四日市でどう動いていたのかに焦点を移していきたい。

その四　四日市公害の発生

はじめに

１９６３（昭和38）年に勃発した芦浜原発立地問題のその後の経過は、多くの書物にも記録として残されているので、本稿では一旦視点を四日市に移す。その前提として三重県における四日市と芦浜、あるいは北勢と南勢の地勢的関係を整理しておく。南島町・紀勢町（当時：現在は南伊勢町・大紀町）にまたがっている芦浜海岸は、三重県北部に位置する四日市からおおよそ１００km離れている。三重県では「北高南低」などと言われるが工業生産力も人口も圧倒的に格差がある。統計年度に違いがあるので精密ではないが現在の人口統計は以下のようになっている。（各市町のホームページ参照）

南伊勢町（２０２３・１・10現在）　人口１万１１６９人（５６３１世帯）
大紀町（２０２１・12末現在）　７８７５人（３８９０世帯）
合計　１万９０４４人（９５２１世帯）
１世帯あたり２・００人

四日市市（2023・2末現在）　30万9051人（14万4208世帯）

1世帯あたり2・15人

両者を比較してみると人口比で2町：1市＝1：16の大差があり、そこには当然経済格差が伴う。原発立地が狙われる大きな理由は海岸部の過疎地である。中電が芦浜を決定していく際も「海水取水に便利」「危険性を考え少人口」としている。既に「危険性」は予知している訳だが、計画者側から言えば妥当性が高かったということになる。南北に長い三重県の地で、芦浜原発と同じ頃に「四日市公害」が深刻化していく。

四日市「魔の三十八年」

戦後三重県の第2代知事田中覚は本稿第1回で述べたように、三重県楠町（当時は三重郡、現在は四日市市）の生まれ。東大を出て県庁勤めの後、農林省の官僚であったところを青木知事の対抗馬として担ぎ出され、圧倒的大差で現職を打ち破っての登場となった。そして、三重県財政の立て直しを図るために産業の活性化を第一の政策として進めた。1955（昭和30）年初当選だから、芦浜原発の年（1963年）は3期目に入り、知事としては熟成期と言っていいだろう。

この頃の田中知事の、四日市での動向を知るためには『原点　四日市公害10年の記録』（1971　小野英二）がある。筆者は当時・中日新聞四日市支局記者、澤井余志郎が主宰する「四日市公害を記録する会」の一員でもあった。澤井らと収集した膨大な資料をもとに書き上げた貴重な記録である。発行年（１９７１年）でわかるように、１９６７（昭和42）年に提起された四日市公害訴訟は進行中であり、判決が出される前年までの四日市が描かれている。いくつか関連記事を紹介してみよう。

「第2章 公害十年史」の中に「魔の三十八年」とある。つまり昭和38（１９６３）年が四日市にとって魔の1年だったというのである。私自身は、先述したように鈴鹿市在住、津市内の高校に通学という時代だから四日市のようすは全く無頓着、記憶にない。映像記録として地区労製作（１９６８年）『白い霧とのたたかい』が残されているので機会があればご覧いただきたい。空がどんよりと曇り、市中を歩く人々はハンカチを口に当て、小学生はマスクをかけての通学をしなければならなかった。こうした経験のある四日市市民も既に高齢者となっている。具体的に四日市で起きた「事件」を振り返ってみたい。

四日市公害のはじまり

四日市市南部塩浜地区には１９４１（昭和16）年建設された海軍燃料廠が、１９４５（昭和20）年の米軍による空爆で破壊され廃墟となって残った。１９５５（昭和30）年、この跡地が国策として民間に払い下げられ、石油化学コンビナートが形成されたのが１９５９（昭和34）年のこと。石油精製工場としての昭和四日市石油を中心に三菱油化などの三菱グループや中部電力・石原産業などが巨大な工場群を形成し、日本最大級の石油化学コンビナートが誕生。行政だけでなく、市民もまた期待に胸ふくらませた。しかし、古来「好事魔多し」は世の習い。煌々と輝く工場夜景とは裏腹に、コンビナート本格操業の翌年頃から近隣地区に、呼吸器疾患を患う人々が続出する。１９６０（昭和35）年以降、地域名から「塩浜ぜん息」、さらなる拡大とともに「四日市ぜん息」と呼ばれ、後に「裁判沙汰」となって産業公害の実態が明らかとなる。

四日市公害と田中覚知事の因縁を検証する場合、別角度からアプローチする必要がある。裁判で争われたのは原因となった大気汚染問題だったが、この時期、四日市（特に沿岸部）では「海の汚染」問題が顕在化。工場廃水が処理されることなく海に放出され、その結果として魚介類が汚染され「異臭魚」や「奇形魚」が発生していた。厳密には紡績工場などの影響もあって汚染の歴史は古いのだが、石油化学コンビナートの登場で悪影響が増大した。

いずれにしろ「くさい魚」は漁業者に大きな打撃を与えた。１９６０（昭和35）年には東京の築地魚市場から「伊勢湾の魚は検査しないと購入しない」との通告を受ける事態にまで発展。漁業者が県庁におしかけ3日間にわたって包囲して抗議。行政や自治体が補償金を出したが根本的解決はできず、１９６３（昭和38）年、実際にシラス（イワシ）が東京から返品されるに及んで、地元磯津漁民の怒りが爆発し実力行使に出た。四日市「魔の三十八年」を象徴する事件である。

海水汚濁と異臭魚

一級河川鈴鹿川は伊勢湾に注ぎ河口左岸に塩浜石油化学コンビナート、右岸には漁業者が多く住む塩浜の磯津地区がある。伊勢湾の異臭魚問題は当時、伊勢湾北部全体に広がっていたがもっとも大きく被害を被ったのは磯津漁民。鈴鹿川から伊勢湾にかけて汚染源はどこか。実は工場群の北側には四日市港があって多くの工場が排（廃）水を未処理のまま流し込んでいた。特に石原産業はのちに海上保安部によって摘発されるのだが、海面が茶色く汚濁するのも稀ではなかった。コンビナートの一翼を担う中部電力（三重火力発電所）は冷却水を港内から吸い上げ、利用済み排水を鈴鹿川に放出、その光景を対岸の磯津漁民は日常的に目撃していた。怒りの対象はその排水口に向けられた。

磯津漁民一揆を報じる新聞（1963年6月22日）

6月21日のことである。血気盛んな漁民たちは400人ほどが集まり、廃船に土嚢を積み込んで排水口を封鎖しようと漁港から押しかけた。堤防には住民も詰めかけ「行け　行け！」と大声で援護。とりわけ女性群は勇ましく「男が捕まったら、わしらが稼いでめんどうみる」と発破をかける。事前に察知した警官が押しかけ、マスコミも大挙して騒然たる雰囲気となった。いざ突入へ！

後世、「磯津漁民一揆」と名を残すのだが、しかし、完遂されることはなかった。ここが芦浜の戦いと決定的に違う。自治会長が登場し漁民たちの前に立ちはだかって「ここはわしの顔に免じて収めてくれ。悪いようにはせんから」と土下座せんばかりに大声を張り上げた。不思議なもので、漁民たちにとって自治会長は親にも等しい存在。これ以上突っ込むのは親の顔に泥を塗ることになると考え矛を収めざるを得なかった。では、魚はどうなったのか。ここで田中知事の登場となる。

伊勢湾の異臭魚問題は三重県も懸念しており衛生部を設けて対応していた。そこへ自治会長は話を持ち込み翌々日（23日）知事が実際に磯津漁港に足を運んだ。近くの公民館で漁民の勧めるままに魚の試食となった。その場の出来事は後々語り草となっている。煮魚を出され口にした知事は「これはくさい。食えませんな」と吐き出した。それをみた漁民は、「それみたことか」とばかりに思わず拍手をした。悲しい光景である。一方、同席した中部電力社員は「うまいです」と言って食べ続けた。

磯津漁民一揆は不発に終わったが成果がないわけではなかった。一つは翌年12月、中電から磯津漁協に補償金として3500万円が支払われたこと。ただし責任を認めてのことではなく「漁民対策費」のようなものだ。さらに三重県は海水汚濁と異臭魚について調査研究を重ね、1966（昭和41）年3月には国が水質保全法を制定し鈴鹿以北の海域を水質規制水域と指定した。その後、さすがに汚排水の「たれ流し」状態は徐々に改善されたが「くさい魚」は解決されたわけではなく、磯津の漁民は漁場を伊勢湾南部まで広げなければならなくなった。

四日市公害は訴訟対象となった大気汚染が有名だが、海洋汚染は現在まで続く重要課題で

なっているし、アサリの不漁も続く。漁業不振は日本列島全体の問題となっている

ある。あれから60年を経て、伊勢湾のコウナゴ漁はこの7年の間、稚魚不足のため禁漁と

田中県政のもたらしたもの

四日市にとっての1963（昭和38）年は公害激化の象徴である。大気汚染と呼吸器疾患患者の続発に四日市市長は危機感を抱き国にも調査を要望。この年、11月27日から29日にかけて当時の通産省・厚生省の合同調査団、いわゆる「黒川調査団」が四日市を訪問。抜本的解決策は出せないままに公害激甚地と認定せざるを得なかった。そんな深刻な状況にありながら四日市市がコンビナートの拡大を図ったのもこの年である。午起地区での第2コンビナート操業が11月1日の合同開所式をもって開始されている。

田中覚知事。磯津自主交渉に出席（1972年9月5日）撮影：澤井余志郎

振り返ってみれば、ちょうどこの頃中部電力は芦浜原発建設に向けて動き始めており、その推進役として田中覚知事が尽力していたわけである。100㎞離れた三重県の南北で戦後の高度経済成長を支える動きが活発化する。18年間に及んだ田中県政の評価は様々だが、四日市と芦浜に関して大きな関わりがあった。後年、いくつかの書籍が引退後の田中覚に取材を試みた。例えば『海よ！芦浜原発30年』（1994　朝日新聞津市局）、『菜の花の海辺から　上巻　評伝　田中覚』（1997　平野

孝）があり、知事時代の仕事を振り返っている。しかし、前者は芦浜に重点が置かれ、後者は四日市を巡っての回顧となっていて、双方をつなぐ記述とはなっていない。しかも、取材当時田中は80歳という高齢者となっており当時の記憶が１００％鮮明だという保証はない。

四日市公害判決後の１９７２（昭和47）年12月、５期目途中で衆院選出馬のため辞任。後任をめぐる知事選挙は熾烈を極めた。その詳細は拙著『青空のむこうがわ』をお読みいただきたい。現在、２０２３（令和５）年の四日市と芦浜はそれぞれ「環境改善」と「原発を止めた町」として存在するが、60年の歴史は被害者や住民にとって戦いの歴史でもあった。田中覚以降に多くの知事が県政を司ってきており、それぞれが関与した「四日市と芦浜」は複雑に絡み合っている。

四日市公害訴訟判決の日。原告全面勝訴。
（1972.7.24　津地裁四日市支部）

その五　芦浜原発ストップ

はじめに

２０２４年2月号に誌面をお借りしてからはや1年近くが経つ。この間、国の内外で深刻な事態が続発している。最大のものは昨年2月に勃発したロシアによるウクライナ侵攻。ここまで長期化するとは誰も予想できなかったのではないか。両国間の戦争に止まらず世界中の人々の生活に多大な影響を及ぼしているが、エネルギー問題はその最たるものとなっている。

日本も含めて欧米諸国が行ったロシアへの経済制裁は、逆にロシアからの石油・ガスの供給制限という反撃にあい、燃料費の高騰が諸物価値上がりへとつながり、国民生活を圧迫するという結果を招いている。こうした状況を打開するにはどうしたらいいのか。日本の政権は毅然とした外交も内政も確立できないままに、あろうことか原発回帰へと突き進もうとしている。重ねて、「脱炭素化」の方策としても原発に頼ろうとする政策が強化されつつある。

しかし、現実をみつめてみよう。東日本大震災で崩壊した東電福島原発は、汚染水処理

芦浜全景（1995.5.17）

にギブアップし、ついに海洋放出という強硬手段に出ざるを得なくなっている。いくつかの既存原発で廃炉が決まっても使用済み燃料棒処理のメドは立っていない。今や新設の見込みはなく既設炉の「60年延長」を決定しても、老朽原発に無事故の保証はない。また翻ってみると現在（２０２３・６）国内の原発は9基しか稼働していないにもかかわらず、太陽光・風力など再生可能エネルギーによる電力によって「余剰電力」問題さえ生じている。人口減少化の中で使用電力もまた大きく増加するとは思えない。

原発も公害も「経済成長」を支える過程で発生してきた人類の課題だ。現実を直視し未来への展望を見いだすことが過去を振り返る上で欠かすことは出来ない。この連載も次回で最後になる。どうまとめるのか、大変な作業が待っている。読者の皆さんがたのご意見・ご批判、体験談などお聞かせいただければありがたい。ぜひ編集部まで。

県政と市政のつながり

田中覚知事は１９７２（昭和47）年12月、衆議院への転身というかたちで自ら任を降り

南島町役場前にて。81万人の署名を集め県庁に向けて出発式。（1965.5.31）

た。初当選は1955（昭和30）年4月だから、17年8ヶ月（5期目途中）の長きにわたって高度経済成長期の三重県政をリードしてきた。前回述べた1963（昭和38）年の出来事は彼の足跡の中でほんの一部でしかないが、四日市公害と芦浜原発を考える上で重要な事実として残る。この年以降、四日市公害は悪化の一途をたどり1967（昭和42）9月被害者提訴、1972（昭和47）年7月被告企業敗訴へとつながる。一方、芦浜は中電の計画が表面化以来、現地での激しい反対運動が繰り広げられ1967（昭和42）年9月、いったん終止符を打った。いわゆる「芦浜第1回戦」の終了である。いうまでもなく当時の県知事は田中覚であり、四日市と芦浜の因縁がここにもつながっている。

四日市をみてみると、市長で戦後の工場誘致に積極的だったのは平田佐矩（すけのり）。海軍燃料廠跡地払い下げに奔走し、昭和石油や三菱関係企業の立地に並々ならぬ尽力をした。その結果としての公害発生に責任を感じ国に対して現地調査を要請、独自に「公害認定制度」（医療費補助）を設けた。父祖伝来の平田紡績社長を務めた後、四日市市議・助役を経て市長選に出馬。保守勢力を結集し前市長を破って当選。任期半ばであったが1965（昭和40）年12月、病を得て亡くなった。享年70。三岐鉄道や暁学園の運営に携わる実業家でもあった。

平田市長急死の後を受けて市長選挙に立候補したのは4人。その中で九鬼喜久男はもっとも若い47歳。製油などを営む九鬼産業グループの総帥・九鬼紋十郎の娘婿として飯南郡波瀬村から四日市に移り、九鬼肥料工業の社長として経営手腕を発揮していた。市長選は1966（昭和41）年1月に実施され、若さを売り物にした九鬼が接戦を制しての勝利。この頃の四日市は大気汚染など公害のもっともひどかった時期であり、何らかの改善策を打ち出すだろうと市民は若き為政者に期待を寄せた。その若さと風貌から、3年前に不慮の死を遂げた米国大統領に模して「四日市のケネディ」と呼ぶ市民さえあった。

しかし、その後、在任中の九鬼は一貫して産業優先、被害者や漁民をないがしろにする発言や市政を続けた。「味噌屋の前を通れば味噌の匂いがする。石油化学工場の前を通れば石油のニオイがするのは当たり前」「四日市はコンビナートの城下町。それがいやなら出て行ってもらおう」「これからは工業の時代。漁業などは時代遅れ」等々。もちろん、学校現場での公害教育にもクレームをつけた。後年、澤井余志郎は「九鬼語録」として克明に書き残している。

田中県政をどうみるか

1972（昭和42）年12月に県知事・田中覚は辞職、四日市選出の前議員引退の後を狙って衆議院選に出馬。九鬼も国政を窺ったが田中に先を越されたため、知事選に方針転換。選挙戦では四日市公害訴訟に異を唱え、芦浜原発計画の推進や公害対策の縮小を掲げた。なかでも教育問題への介入を重要視し教職員組合（三教組）との対決を鮮明にした。しかし、大きな危機感を抱いた三教組は民社党・社会党などの支援を取り付けて、激しい選挙戦を展開。予想以上の差で九鬼は敗退。以後、政治の世界から姿を消した。

田中県政を振り返ってみると、四日市を工業地帯として拡大し大気汚染公害を引き起こした。さらに南勢では原発誘致に積極的で１９６４（昭和39）年には芦浜決定の断を下している。しかし、角度を変えてみると四日市公害訴訟で原告勝訴の判決後、通産省と協議をして被告企業の控訴断念に一役買った。大気汚染の元凶となった二酸化硫黄（亜硫酸ガス）排出を減少させるため「総量規制」を導入した。芦浜に関しては１９６７（昭和42）年9月、公害訴訟提訴直後に「原発問題に終止符」との、第1回戦終了宣言。その他諸々を点検すれば功罪相半ばと言うべきか、はたまたマッチポンプと断罪すべきか難しいが、読者の皆さんの判断材料としていただきたければ幸いである。

田中覚の後に登場した田川亮三は一見、保守反動の九鬼を倒した「革新」県政の誕生かと思わせるものがあった。三教組大会に知事が挨拶をするようになったのもこの時代だ。しかし、6期23年にわたった田川県政は四日市・芦浜にとって背信の歴史を形成することとなった。

芦浜原発再燃と公害対策の後退

田中知事の「終止符」宣言以降の芦浜がどうなったのかは『原発の断りかた』（柴原洋一）

に詳しいが中部電力は決してあきらめていなかった。田川知事に代わると1977（昭和52）年「電源立地3条件」を表明し、中電の動きと呼応するようにして1980（昭和55）年「電源立法4原則」、芦浜原発問題が再燃。これ以降2000（平成12）年2月、北川正恭知事の「白紙撤回」と中電社長の「断念」表明までの23年間は、大半が田川県政の時代と重なる。

四日市との関連で言えば、判決以降国の施策として1974（昭和49）年設けられた公害健康被害補償法（公健法）が、1988（昭和63）年に同法のなかの「大気汚染」に関する条項が解除され、四日市が公害指定地域か

南島町沖合の漁船海上デモ（1985.7.12）（撮影　北村博司）

古知浦漁協前で町民200人が座り込み（1994.12.15）

ら外れ「公害認定」がされなくなった。国から出された方針に対して積極的に賛成の意見具申をしたのが当時の四日市市長と三重県知事だった。また1979（昭和54）年には国の方針に則り窒素酸化物の規制基準を0・02ppmから0・04ppmへ緩和という公害防止条例の「改正」を行っている。三教組出身議員で構成する県民クラブは賛成に回り、公害対策行政の後退を如実に示すこととなった。時に四日市公害訴訟判決7年目のできごとである。

田川県政はその登場の経緯からわかるように三教組が絶対的与党として支え続けたが、「革新」の面影はどこへやら、いつの間にか自民党にも支持をされる保守政治と化し、1995（平成7）年、6期目途中の4月病気のため辞職。三重県政史上最長の知事であった。

北川知事と芦浜原発

1995（平成7）年4月、ポスト田川をめぐっての知事選は激戦となった。当選した北川正恭（45万6676票）と次点・尾崎彪夫（たけお）との差はわずか1万3000票。3、4位いずれかの得票を合わせれば逆転もあり得たという僅差だった。尾崎を推した三教組としては大打撃であり、その後の教組運動に大きな影響を与えることとなった。北川の掲げた大きな目標は行財政改革であり、徹底した県庁機構の改造を行った。その全体の評価についてここでは省くが、何よりも大きな仕事は「芦浜原発計画白紙撤回」といえよう。

北川は立候補の時点で公約に掲げたわけではなかったが、2期に入った2000（平成

12）年2月22日の県議会で「この計画は白紙に戻すべき」との見解を表明し、同日これを受けて中部電力社長も「計画断念」との記者会見を行った。事実上「芦浜原発」問題には終止符が打たれた。彼は現地に赴き地元住民の声を聞き、原発問題で分断された地域の人々の苦悩を目の当たりにし決断したという。もちろんその背景には地元を中心にした激しい反対運動と、三重県民あげての「81万人署名」があったことは言うまでもないが、認可権を持つ県知事の意思表明がとどめを刺したことに間違いはあるまい。

2期の任期を終えて県知事の座を自ら降りた北川については、改革派知事として評価がされているが「疑惑」の種がいくつか残されていることもまた事実だ。亀山市へのシャープ誘致をめぐって拠出された補助金90億円の是非、多度町に建設されたＲＤＦゴミ焼却発電施設とその事故、さらに石原産業フェロシルト（リサイクル）認可など、問題を残したままの辞任に不信感を抱く県民も少なくはない。

ここまでは戦後の三重県と四日市を軸にして「原発と公害」の接点をまとめてきたが、ことは四日市と芦浜だけの問題では終わらない。原発も公害も地球上を覆い、環境破壊を続ける現在進行形の存在だ。如何なる形でこの連載を終えることになるのか。

その六　未来に向けて

はじめに

いよいよ最終回！　拙著『青空のむこうがわ』刊行をきっかけに、本誌への投稿を勧められ改めて多くのことを振り返り学び直す機会をいただいた。感謝申し上げたい。これまでの78年の人生の中で、直接、公害問題に接するようになったのは、社会人になってからであり１９６９（昭和44）年4月、県立高校教員として赴任したのが桑名市内の高校だった、という縁があった。自宅（鈴鹿市）からの通勤途上に、近鉄急行停車の塩浜駅で嗅いだ「悪臭・異臭」が、四日市公害との出会いである。以来半世紀以上が過ぎた。

高度経済成長期からバブル崩壊を経て、いまや「失われた30年」に足をとられ右往左往の日本。国際情勢も絡んでこの1年、事態は深刻化しているように思われてならない。世界各国で政治の中枢を担うのは、いずれも戦後世代が大半を占める。にもかかわらず、歴史の歯車は逆回転しているようにも思える。「起死回生」の切り札などどこにもないが、語り続けることでささやかながらも責任を果たせるのではないか。確かな結論と言えるほどではないが、とりあえずのまとめをしていきたい。

公害と産業廃棄物

異常な暑さに見舞われた今夏、むずかしい本ばかり読むのも疲れるので図書館で小説を借りて読みふけった。その中で昨年度の直木賞作品『しろがねの葉』（千早茜・新潮社）がめっぽう面白かった。島根県の石見銀山を舞台に一人の女性を中心にした物語。時代背景は戦国時代末期から江戸時代にかけて、銀山が殷賑を極めた頃となっている。あらすじはさておいて物語の中では、銀山の間歩（まぶ）と呼ばれる坑道で働く男たちが気味の悪い咳を発し、やがて血を吐いて死んでいく様が描かれる。史実からみれば石見銀山に鉱毒はほとんどなかったとのことだが、採掘作業で生じる粉塵などがもたらす「鉱山病」は深刻な問題であったという（島根県ＨＰ「石見銀山の歴史」）。

明治時代になって日本は近代化とともに鉱山開発が進み、群馬県では名高い足尾鉱毒事件が発生する。戦時中にも石炭採掘に伴う落盤や爆発事故は後を絶たない。戦後になると四日市をはじめ新しい産業形態による健康被害が顕著になる。１９６４（昭和39）年に発行された『恐るべき公害』（庄司光・宮本憲一、岩波新書）には、その当時すでに多発している日本列島の公害（主として大気汚染・水汚染）が網羅されている。もちろん四日市の亜硫酸ガスも取り上げられている。四大公害訴訟といわれる水俣・新潟における有機水銀中毒、カドミウムによる富山イタイイタイ病も近代産業がもたらした公害の典型である。

では、そもそも「公害」とは何か。公的（法的）な規定によれば、1967（昭和42）年8月施行の「公害対策基本法」には次のように規定されている。

この法律において「公害」とは、事業活動その他の人の活動に伴って生ずる相当範囲にわたる大気の汚染、水質の汚濁、騒音、振動、地盤の沈下（略）及び悪臭によって、人の健康または生活環境に係る被害が生ずることをいう。

法律は1993（平成5）年11月「環境基本法」として姿を変えるが、「公害」の規定はそのまま引き継がれている。さらに2012（平成24）年9月には一部改正され「放射性物質」が公害物質と位置づけられることになった。いうまでもなく東日本大震災における東電福島原発崩壊事故をうけてのことであり、基本法制定当初に「放射性物質」は含まれていなかった。

また患者救済を主目的とした公害健康被害補償法（公健法）は、四大訴訟を受けて1974（昭和49）年9月に施行された。その中でも「公害」の規定は「基本法」とほぼ同じだが、大きく2種類に分けられているのが特徴だ。詳しくは「独立行政法人環境再生保全機構」のHPをご覧いただくとして、要点のみ整理しておきたい。

・（旧）第一種地域＝大気汚染により気管支ぜん息などの疾病が多発している地域。四日市など全国で41地域が指定されていたが、1988（昭和63）3月法改正によってすべての地域が解除された。従って現在は「旧」との但し書きがつけられている。第一種解除については産業界の要請が強まった結果であり、経緯は拙著『青空のむこうがわ』を参照されたい。

・第二種地域＝汚染原因物質との関係が一般的に明らかな疾病が多発している地域。新潟（水俣病）・富山（イタイイタイ病）、島根（慢性ヒ素中毒症）、宮崎（慢性ヒ素中毒症）、熊本・鹿児島（水俣病）の5地域である。

それぞれ被害者に対する補償金は第一種が「ばい煙発生施設等設置者」からの汚染負荷量賦課金により8割、残る2割は自動車重量税の一部によって賄われ、地方自治体が窓口となって給付を行っている。第二種についてはそれぞれ発生源企業（チッソ・昭和電工・三井金属鉱業・住友金属鉱山）によって支払われている。「ヒ素」に関しては『口伝　亜砒焼谷』（川原一之　1980　岩波新書）に詳しい。

ただし、こうした法規定以外にも「カネミ油症」「サリドマイド」「アスベスト」など薬害や食品公害等がある。さらに掘り下げていけば、原発から出される放射性物質は大気汚染の原因物質であり、使用済み核燃料棒は産業廃棄物（産廃）ということになるが、産廃の扱いは多岐にわたっているので少し説明を加えておきたい。

究極の産廃「核のゴミ」

一般家庭でも必ず何らかの廃棄物（ゴミ）が出る。処分方法は自治体によって異なるが「燃えるゴミ」「燃えないゴミ」等に分別され、焼却や埋め立ての処分が行われているのは共通だろう。一般家庭のゴミとは別に事業所から出るゴミは「産業廃棄物」として管理処分される。三重県の場合、管理主体は「一般財団法人三重県環境保全事業団」（津市河芸町、詳しくはＨＰで）である。県内最大の産廃は石原産業（四日市市）から排出されている。同社は公害訴訟の被告というだけでなくいくつかの不祥事で有名だが、現在の主たる生産物は「酸化チタン」。砂状に破砕したチタン鉱石に硫酸を混ぜて燃焼し、顔料（塗装剤）やプラスチック製品を製造、その全国シェアは40％を超えてトップの地位にある。

この製造過程で出されるのが「アイアンクレイ」という軟らかい粘土状の物質。利用効率がはなはだ悪く原料の半分ほどが廃棄物となる。この「ゴミ」は、事業団が「管理型処分場」とし四日市市内の山間部などを造成し廃棄しているが、生産が続く限り産廃はエンドレスでありこの処分場が満杯になれば当然、別の用地が必要となる。

法的に「産廃」は9種類に分けられているが、その他に「放射性廃棄物」は別扱いになっており、「高濃度」「低濃度」に分類される。いずれもその最終処分について見通しが立っていないのは周知の通り。使用済み核燃料棒はとりあえず青森県六ヶ所村で管理されているが、最終処分は終えておらず放射能レベルの低減化には、数十万年という気の遠くなるような年月を必要とする。これも原発が稼働する限り終わりはない。加えて、海洋放出を強行せざるを得なくなった福島原発崩壊後の汚染水は、「核のゴミ」処理の困難さをいっそう大きくしている。現状は袋小路に追い込まれていると言っても差し支えあるまい。

明るい未来はあるのか

この夏、興味深いTV番組を観た。NHKスペシャル「原子爆弾・秘録　謎の商人とウラン争奪戦」（8月6日放送）。原発や核兵器の原材料であるウラン鉱石の歴史と、それを商品として流通させた商人をめぐるドキュメント。1920年、当時ベルギー領であったコンゴの山奥で発見されながら、当初「たいした価値もない」とみられていたウラン鉱石だったが、1938年ドイツの科学者によって「核分裂反応」が発見された。ウラン235を濃縮させることによって天文学的なパワーが作り出せるというのである。

翌年第2次世界大戦が勃発、ナチスドイツのアフリカ侵攻を恐れたベルギー商人（エドガー・サンジエ）が、密かにウラン鉱石をアメリカに売り込んだという。その結果、ウランをほぼ独占状態にしたアメリカは、マンハッタン計画のもと、1945年7月16日ニューメキシコ州で人類史上最初の核実験に成功。同年8月6日の広島、9日の長崎への原子爆弾投下に至った。ウラン鉱石のもたらす恐るべきエネルギーを、人類は目の当たりにすることになった。

第2次大戦後、「平和利用」として核は再登場するが、「あらたなエネルギー」と謳われる原子力利用の抱える危険性はこれまで述べた通りだ。原発が戦争兵器として逆利用されうることは、昨年来のロシアによるウクライナ侵攻によって明らかとなった。使用済み核燃料棒はプルトニウムとして原爆に姿を変える。「戦争をしない」と憲法で誓ったはずの日本は、「防衛」の名の下に軍事予算を増大し、脱炭素化に便乗して原発回帰の政策を強化している。

国連が提唱するSDGsはゴールにほど遠く、パリ協定で明示した「2050年カーボンニュートラル」も画餅に帰す恐れがある。地球温暖化はいまや「地球沸騰化」といわれ、人類史上もっとも厳しい環境が私たちを取り巻いている。しかし、絶望からは何も生まれない以上、何とか知恵を出し合って未来への希望を見いだしていくことが、私たちの任務だろう。

おわりに

「公害と原発は不可分」との持論を立証するために始めた連載、たいした理論形成もできず材料の提供に終始したとの反省がある。それでもその中で、いくつかみえてきたことがある。双方に共通しているのが、近代社会の産業活動・エネルギー政策の中から生まれたこと。加えて、物質生産が私たちの生活に不可欠でありながら、その裏側で多大な被害をもたらしていること。具体的には環境破壊であり、人権侵害である。そして「原発」+「公害」に加えてもう一枚「戦争」というピース（piece）を加えることで恐ろしいパズルが完成する。しかし、対極にあるのはもう一つのピース（peace）だ。心に刻んでおきたい。

総じてみれば、残念ながら今、私たちを取り巻く社会環境は平和で安心できるものとは言い難いが、そうした状況を改めたいと行動する人々が、決して少なくないのも事実だ。ここまでみてきたように三重県には四日市と芦浜で戦い抜いた人々の歴史がある。二度とあってはならないが、いざというときに、かつての「81万人署名」が「100万人」にも達するよう、日々の取り組みを進めていくことが何よりも大切だろう。さすれば次の世代へとつながっていくに違いない。

6回の連載ではおおむね歴史的経過と事実の列記に紙数を費やしてきたが、読者の皆さん方にはそれらをつなぎ合わせることによって、それぞれの結論を見つけ出す作業を行っていただければ幸いである。

さようなら原発三重パレード（2023.3.23　津市）

2011年3月11日の東日本大震災に伴う東京電力福島原子力発電所の崩壊事故を目の当たりにして、慨嘆の念あまりに大きく1ヶ月を要して短歌百首を詠み「一人百首」としてまとめた。それから13年、事態の好転は遠く及ばず「原発回帰」の政策がまかり通る。その現状を憂え、ここに再録することとした。

なお当初の全百首は次の2誌に収録していただいている。改めて御礼申し上げたい。

・『時代を聞く』(2012 池田理知子+田仲康博編著 せりか書房)拙稿「四日市公害と原発事故をつなぐもの」と合わせて。

・個人誌『反差別・平和』(2011 山村ふさ編集発行 No.13〜16)。

原発惨歌

「一人百首」より三十首選

【崩壊】

生き物が息絶え絶えに放射能いま究極の環境破壊

資源なき国に不可欠原子力誰が戯れ言ぞこのざまをみよ

大震災復興なんぞ進まざる原発事故の手かせ足かせ

わたつみの怒りの声の聞こえぬか垂れ流されし水の汚れに

原発をビジネスにした輩たち汚染の水をさあ飲んでみよ

【科学】

大本営発表に似たり記者会見信じるに足る数値はありや

偏差値の高きが寄りて作りたる崩壊原発原子力ムラ

核燃料使用済みとは名ばかりで処理方法なむいまだあらざる

1号機水素爆発建て屋飛ぶ汚染拡散すべての始まり

無惨やな建て屋崩壊汚染水格納容器炉心溶融

【汚染列島】

梅雨がくる日本列島雨が降るセシウムの雨原発の雨

原子力平和利用説く人の被ばく者思うこころはありや

安全な電力源とはたわごとぞ今震災になんら術（すべ）なし

地震国日本列島縦断の原発廃止するが国策

大地震（ふ）る海が躍りし春なかば空覆いたる核散の塵

【労働者】

原発の建て屋の中の生き地獄、社長・政治家足も運ばず

止めどなき被ばく線量アラームの音隠しつつ建て屋の中へ

下請けのそのまた下の労働者トップクラスは被ばく線量

電力を費やす都の人の群れ被ばく労働者の苦難を思え

わが夫（つま）の心意気こそ哀しけれお国のためとて命な捨てそ

【ふるさと】

野の草を食(は)みて生き延(の)ぶ牛の群れ汚染も知らず鳴く声哀し
家族なる犬猫を残し逃れたる避難の民のこころ悲しも
陸奥(みちのく)の民の草場に降り注ぐ六月の雨潤(うるお)いもなし
捨てられぬ。海山畑に生きてきたわが生業(なりわい)の魂(たま)なればこそ
飢え死にの家禽のまぶた閉じるとも秘めし怒りの声ぞ聞こえむ

【未来へ】

たらちねの母の思いはただ一つ核汚染なき日々の子育て
原発の夢絶たむかな新しき灯りともせよ自然の力
野も海も滅びゆく日を許さざる人の願いぞ「原発無用」
若者よさあ立ち上がれこの国の未来に向けて「脱原発」と
原発も基地も不要の暮らしこそ目指す民なれ憲法の国

あとがき

この原稿を書いている現在（２０２４年11月）、衆議院選挙が行われた直後である。これまでにない激しい選挙戦となり与党が過半数を割る事態となった。いわゆる「裏金」をめぐる政治腐敗に有権者が厳しい判断を下した結果である。しかし、かえって政策論争が見えにくくなり、中でも原発を巡っては争点とならない弱さがあった。明確に「脱原発」を掲げる政党は少数派であり、経済界の後押しを受けて原発に依拠する勢力が多数を占める。事故や汚染を目の当たりにしながら、「脱炭素化」に便乗して再稼働や新設まで主張する傾向は収まらない。選挙後の東北電力女川原発や中国電力島根原発の再稼働は象徴的である。

原発立地をストップしたのは三重県芦浜以外にも県内では海山、石川県珠洲や新潟県巻が歴史に残る。三重県については今回、芦浜にしぼって歴史を追ったが実はもう一件、原発計画を止めたたたかいがあった。芦浜から西南に約10㎞、熊野市井内浦（いちうら）である。１９７１（昭和46）年、芦浜立地に行き詰った中電があらたな矛先を向けた。毎日新聞の報道によって明るみになって以降、１９８７（昭和62）年９月、熊野市議会が満場一致で「原発拒否」を決議するまでの16年間、この地の人々は戦い抜いた。この歴史もまた忘れてはならない。

芦浜勝利から25年、熊野からは38年が経つ。事業者である中部電力は静岡県浜岡の原発をすべて廃炉ないしは稼働停止の状態だが、再稼働目指して長大な防波堤を建設している。全国にある9電力の中で中電だけが原発を稼働していないが、電力需要の拡大を理由に、決して原発をあきらめたわけではないだろう。三重の地に再び原発立地の企みが持ち込まれないとは言い切れない。そんな時、私たちどうすればいいのか。日々、世代交代が進む中では「過去」からの学びが重要な意味を持ってくるに違いない。微力ながらこの書がその時の備えになってくれることを願っている。

最後に、四日市公害訴訟判決の中でもっとも重要な一節を紹介しておきたい。

人の生命・身体に危険のあることを知りうる汚染物質の排出については、企業は、経済性を度外視して、世界最高の技術・知識を総動員して防止対策を講ずべきである。

原発のもたらす放射性物質はあきらかに地球規模の汚染をもたらす。現段階では法的に「公害」と規定されてはいないが、「公害と原発」が同じ地平にあることは明らかであろう。

最後に、この書の刊行について、多大なご協力をいただいた「原発おことわり三重の会」と機関誌『はまなつめ』編集部の皆さん。また出版を引き受けていただいた風媒社さんに厚く御礼を申し上げて結びとさせいただきます。なお、芦浜関係の写真は柴原洋一さんからお借りしました。

２０２５年春

四日市／芦浜関連年表

年	四日市	知事	芦浜
1955年（昭和30）	8月　塩浜地区の第2海軍燃料廠跡地を峰和石油などに払い下げ決定。	青木理	
1958年	4月　この頃近海に異臭魚問題表面化。	田中覚	
1959年	4月　昭和四日市石油稼働開始。三菱油化などと石油化学コンビナートを形成。一斉操業。		
1961年	2月　この頃から塩浜地域に「ぜん息」症状多発。		
1963年	6月12日磯津漁民が中電排水口封鎖（漁民一揆）未遂。田中知事が磯津で異臭魚の試食。 7月　四日市市に公害対策協議会発足。 11月　午起地区で第2コンビナート操業開始。ぜん息患者が市内に広がる。国から「黒川調査団」。公害激甚地と認定。		11月15日　中電が知事に熊野灘3地区（芦浜・城ノ浜・大白池）への原発計画提示。 11月30日　中日新聞が原発候補地を報道。
1964年	6月　「都留調査団」現地調査。訴訟の可能性示唆。		2月10日　海山町長島町7漁協が原発立地反対決議。 3月15日　南島町7漁協原発建設反対決議。 7月24日　南島漁民400隻海上パレード。 27日　知事と中電が「調査地点を芦浜に決定」と発表。 7月28日　古和浦漁民県庁で座り込み。

年	四日市	知事	芦浜
1965年（昭和40）	4月 四日市市が独自の公害認定開始。医療費補助。 5月 四日市市第1回の公害認定で17人を認定。	田中覚	11月23日 中電芦浜の予定地を買収完了と発表。
1966年	7月 公害認定患者の男性（75）が自殺。 9月 四日市市が都市改造計画（マスタープラン）。		3月7日 津市で反対集会、県庁へのデモ。 9月19日 長島事件（漁民らが国会議員の調査阻止）。
1967年	2月 四日市市議会霞地区へのコンビナート誘致決定。 9月1日 公害患者9名が企業6社相手に提訴。 11月30日 四日市公害訴訟を支持する会発足。 12月1日 公害訴訟台1回口頭弁論。		4月28日 紀勢町長交代（吉田→阪口）。 7月5日「中電が浜岡に原発計画」との新聞報道。 10月26日 知事「原発問題に終止符」と表明。
1971年	2月 四日市公害と戦う市民兵の会「公害トマレ」発刊。		
1972年	2月1日 四日市公害訴訟結審。霞地区の第3コンビナート操業開始。 7月24日 公害訴訟判決。原告（患者）勝訴。 12月 県知事交代（田川亮三へ）。		
1974年	2月 公害健康被害補償法（公健法）施行。	田川亮三	

年			
1976年（昭和51）		田川亮三	2月25日　三重県長期総合計画。電源立地3原則明示。
1977年			6月7日　国が閣僚会議で芦浜を「要対策重要電源」に指定。 9月　知事が県議会で「電源立地4原則」の表明。
1978年			1月12日　吉田紀勢町長が中電社員から現金授受で逮捕され後日辞任。
1979年	9月28日　三重県議会が窒素酸化物の規制基準緩和を可決。		3月26日　米国スリーマイル島原発事故。
1980年			12月　知事「電源立地3条件」表明。
1983年			7月23日「原発いらない」三重県民の会発足。
1984年			2月17日　三重県が原発予算3000万円計上。 10月23日　紀勢町長「条件付きで原発受け入れ」表明。
1985年			4月4日　中電、芦浜原発1，2号機の計画明記。 6月28日　県議会「芦浜原発立地推進」を強行決議。 7月12日　南島町漁民「反対」の会場デモ。
1986年			2月9日　紀勢町長交代（縄手→谷口）。 4月26日　ソ連でチェルノブイリ原発事故。
1987年			2月13日　県が原発関連予算5040万円計上。 11月27日　南島漁民が津市で反対デモ。2000人参加。
1988年	3月1日「公健法」改定施行、大気汚染が公害認定から除外された。		

年	四日市	知事	芦浜
1989年	1月25日、中電川越火力発電所1号機運転開始（4月三重火力廃止）。	田川亮三	
1993年			2月26日 南島町議会「南島町における原子力発電所設置についての町民投票に関する条例」可決。
1994年			12月15日 南島町民2000人、古和浦漁協総会に対し座り込みで対抗。総会を流会に追い込む。
1995年		北川正恭	4月9日 田川知事病気勇退による知事選挙。北川正恭知事へ。
1996年			5月31日 芦浜原発反対三重県民署名81万2335人、知事と議会に提出。
1997年			7月8日 南島・紀勢町と中電に冷却期間要請、決定。
1999年			4月11日 北川知事再選。 11月16日 北川知事現地（南島町、紀勢町）へ
2000年			2月22日 北川知事「芦浜原発を白紙に」と表明。中電が「芦浜原発計画断念」表明。

[著者略歴]

伊藤三男（いとう・みつお）
1945年、三重県鈴鹿市生まれ。1968年、立命館大学文学部卒業。以降、三重県立高校の教員（国語科担当）として勤務。2007年､定年退職後も県立･私立の高校で非常勤講師を継続。現在は定時制に勤務。一方、平行して公害など社会問題に取り組む。1971年､四日市公害と戦う市民兵の会に参加。機関誌『公害トマレ』発行。1997年、四日市再生「公害市民塾」を澤井余志郎とともに立ち上げ運営。2015年、四日市公害と環境未来館開設に伴い語り部・解説員となり継続中。
編著：『きく・しる・つなぐ―四日市公害を語り継ぐ』（2015年　風媒社）、『空の青さはひとつだけ』（2016年　くんぷる）、『青空のむこうがわ　四日市公害訴訟判決50年―反公害を語り継ぐ―』（2022年、風媒社）

公害と原発からみえるもの
実は四日市も芦浜も三重県なんです!

2025年3月11日　第1刷発行　（定価はカバーに表示してあります）

著　者　　伊藤　三男

発行者　　山口　　章

発行所　名古屋市中区大須 1-16-29
振替 00880-5-5616 電話 052-218-7808　風媒社
http://www.fubaisha.com/

＊印刷･製本／モリモト印刷　　乱丁本･落丁本はお取り替えいたします。
ISBN978-4-8331-1164-5